# ÉTUDE

## DU

# MORPHINISME AIGU ET CHRONIQUE

## CHEZ LE CHAT

PAR

## L. GUINARD

Chef des Travaux de physiologie à l'École vétérinaire de Lyon.

*Extrait du* LYON MÉDICAL

(N°⁵ 33 et 34, 1891.)

LYON

ASSOCIATION TYPOGRAPHIQUE

Rue de la Barre 12. — F. PLAN, directeur.

1891

# ÉTUDE

DU

# MORPHINISME AIGU ET CHRONIQUE

# CHEZ LE CHAT

PAR

## L. GUINARD

Chef des Travaux de physiologie à l'École vétérinaire de Lyon.

———— ✕ ————

*Extrait du* LYON MÉDICAL

(Nᵒˢ 33 et 34, 1891.)

LYON

ASSOCIATION TYPOGRAPHIQUE

Rue de la Barre, 12. — F. PLAN, directeur.

1891

# ÉTUDE

## DU

# MORPHINISME AIGU ET CHRONIQUE CHEZ LE CHAT

*Travail du Laboratoire de Physiologie de M. Arloing.*

Il est certain qu'actuellement l'étude de l'action physiologique de la morphine a été faite à peu près complètement, et que c'est un des alcaloïdes dont les effets sont les mieux étudiés et les mieux connus. Depuis les travaux très remarquables de Cl. Bernard, Trousseau, Bonnet, etc., sur le même sujet, nous trouvons une longue liste d'expérimentateurs, physiologistes, thérapeutistes ou pathologistes français et étrangers, qui ont fait, sur ce médicament, des recherches très variées et très minutieuses, dont les résultats sont aujourd'hui bien acquis.

Nous n'aurions pas songé à entreprendre des essais nouveaux sur la morphine, si, dans le cours de recherches que nous poursuivions sur l'anesthésie des petits animaux, nous n'avions été amenés à l'employer chez le chat et à constater, sur cet animal, des particularités curieuses et une action bien différente de celle qu'on observe d'ordinaire à la suite de l'administration de ce médicament. Ceci nous a engagé à étendre nos essais sur d'autres espèces et à étudier, comparativement, l'action physiologique de la morphine chez le chat, le chien, le porc, le mouton, la chèvre, le bœuf et le cheval.

Chez certains de ces animaux, les études antérieures sont assez complètes, et cependant, malgré l'abondance de matériaux dont nous parlions plus haut, il nous a semblé qu'il y avait encore quelque chose à dire sur la physiologie de la morphine. C'est pourquoi nous nous sommes décidés à poursuivre les recherches dont nous commençons aujourd'hui la publication.

Cl. Bernard (1) a étudié l'action de la morphine sur un grand nombre d'animaux, et il a parfaitement constaté les effets hypnotiques et narcotiques chez le chien, le lapin, le cobaye, le rat blanc, le pigeon, le moineau et la grenouille. Ces différents animaux ont tous ressenti les effets soporifiques du médicament, mais ils ne se sont pas tous montrés également impressionnables; on a constaté des différences considérables dans la sensibilité des uns et des autres. C'est ainsi que le chien est, de tous celui qui s'est montré le plus sensible; que les lapins et les cobayes ont dû recevoir des doses plus fortes pour être endormis; que les rats blancs, après avoir présenté de la narcose, ont eu des convulsions; que, pour endormir le pigeon, la quantité de morphine a dû être beaucoup plus considérable, et qu'enfin les grenouilles se sont ordinairement montrées excessivement réfractaires à l'action hypnotique de la morphine.

On était donc en droit de conclure, qu'à part les variations dans la sensibilité, qui sont constatées lorsqu'on envisage telle ou telle classe d'animaux, la morphine est toujours un médicament calmant, hypnotique, narcotique et que les symptômes de son empoisonnement sont toujours les mêmes chez toutes les espèces.

C'est d'ailleurs l'idée générale que nous trouvons exprimée dans le remarquable *Dictionnaire de thérapeutique* publié en 1889 par M. Dujardin-Beaumetz, dictionnaire qui, suivant l'expression même de l'auteur qui a rédigé l'article *Opium*, peut être considéré comme l'inventaire thérapeutique de la fin du XIXᵉ siècle. Nous démontrerons, dans la suite de ce travail, que cette idée n'est pas constamment vraie et qu'il existe certaines espèces pour lesquelles la morphine n'est jamais un calmant.

Avant d'aborder complètement notre sujet, nous tenons à

(1) Cl. Bernard. *Leçons sur les anesthésiques.* Paris, 1879.

faire remarquer que le produit qui a servi à nos expériences était chimiquement pur ; nous nous sommes toujours assurés de sa qualité avant de l'employer. D'autre part, nos dosages ont été faits avec le plus grand soin, de telle sorte que nous sommes absolument certains des quantités administrées chaque fois à nos animaux.

Nous croyons qu'il y a une grande importance à rappeler ce détail, car très souvent les expérimentateurs, qui ont étudié une même substance, ont obtenu des résultats opposés, parce qu'ils employaient des produits qui n'étaient semblables que par le nom inscrit sur l'étiquette, mais qui étaient bien différents comme qualité.

Dans cette première partie nous ne parlerons que de l'action physiologique de la morphine chez le chat et publierons successivement les résultats que nous avons obtenus chez les autres espèces.

## I

Dans une note communiquée à l'Académie des sciences (1), nous avons déjà établi que la morphine, loin d'être un calmant et un hypnotique pour le chat, est, au contraire, un excitant des plus remarquables. L'excitation qu'elle détermine, chez cet animal, est toujours proportionnelle en intensité avec la dose de médicament, elle s'accompagne de désordres évidents dans les fonctions du cerveau, et se termine, si la dose est trop forte, par une période de convulsions qui se continue jusqu'à la mort du sujet.

M. Milne-Edwards a confirmé les résultats que nous avons fait connaître en rappelant que, en vue de pratiquer certaines opérations sur les grands fauves de la ménagerie du Muséum (lions, tigres et panthères), il a essayé l'action de la morphine sur les chats ; il n'a jamais pu obtenir l'anesthésie, soit qu'il ait fait ingérer cette substance avec les aliments, soit qu'il l'ait employée en injections sous-cutanées.

(1) Séance du 22 novembre 1890.

Les tigres et les lions sont également réfractaires à l'action stupéfiante de la morphine.

Nous avons fait, chez le chat, de nombreuses expériences, nous avons varié les conditions de l'administration ainsi que les doses employées ; administrant le médicament, tantôt par la voie hypodermique, tantôt par la voie veineuse ; employant des doses très faibles ou des doses très fortes ; jamais nous ne sommes parvenus à obtenir le moindre signe de narcose morphinique.

Afin de donner une idée aussi exacte que possible des effets que nous avons observés, et pour bien faire connaître l'action particulière de la morphine chez le chat, nous résumerons quelques-unes de nos expériences, en faisant un choix parmi les vingt et un essais auxquels nous nous sommes livrés depuis le 4 mars 1890.

8 *décembre* 1890. — Chatte pesant 2 kil. 500, reçoit dans le tissu conjonctif sous-cutané 0 gr. 0008 de morphine. 10 minutes après, vomissements. Très légère excitation après 30 minutes. Nouvelle injection de 0 gr. 0017, une heure 25 après la première. L'excitation passagère du début ne s'accentue pas, et l'animal, soit dans ses allures, soit dans son attitude, ne présente rien d'extraordinaire.

Deux heures 20 après la seconde injection, on en pratique une troisième de 0 gr. 0025. Cette fois l'hyperexcitabilité s'accuse plus nettement et, s'exagérant graduellement, devient très marquée.

La chatte ne peut rester en place, elle s'assied sur son derrière et se relève de suite ; elle saute dans sa cage, tourne dans tous les sens, cherche à s'accrocher avec ses griffes, se jette à la renverse et roule sur le dos.

Un intervalle de 1 heure 1/4 s'étant écoulé depuis la dernière injection, on fait une nouvelle piqûre de 0 gr. 01. Celle-ci porte l'excitation à son maximum et rend très manifestes les désordres cérébraux.

L'animal est très agité, a des hallucinations, il regarde dans le vide et gronde comme un chat furieux. Cependant, il n'est pas agressif ; le plus léger bruit l'effraie et le fait sursauter. Si on le promène en laisse dans le laboratoire, il part en courant, cherchant à se cacher, mais il ne reste pas longtemps dans les coins où il va se blottir pendant quelques instants.

Une analyse détaillée des principales fonctions nous apprend, d'abord, que les fonctions du cerveau sont profondément troublées ; le sujet est dans une sorte d'ivresse agitante qui, à aucun moment, n'est suivie de stupeur et de sommeil. Pendant tout ce temps là, il paraît ne pas distinguer nettement les objets, exécute des mouvements désordonnés et sans suite, ne répond à la voix que par des signes de frayeur et se précipite contre les grilles de sa cage, qu'il semble ne pas apercevoir.

Nous ajouterons à cela que l'hyperexcitabilité réflexe est très grande, que la *pupille est dilatée*, que la respiration et le cœur sont accélérés, et que la pâleur des muqueuses, ainsi que le refroidissement des organes périphériques, indiquent une vaso-constriction qui se prolonge pendant toute la durée de l'action du médicament.

De plus, les mouvements ne sont pas sensiblement gênés, à cette dose tout au moins, et le chat ne présente pas l'attitude hyénoïde si caractéristique du chien morphinisé.

La dose n'étant pas augmentée, l'animal revient graduellement à l'état normal et sans présenter le moindre signe de narcose morphinique.

Les manifestations que nous venons de décrire ont été déterminées par une administration totale de 0 gr. 014 de chlorhydrate de morphine, ce qui représente, d'après le poids du sujet, une quantité de 0 gr. 005 à 0 gr. 006 par kilogramme.

La précédente expérience est une démonstration assez fidèle des principaux symptômes caractérisant le morphinisme aigu chez le chat. Ayant débuté par des doses très faibles (0 gr. 0008), nous avons pu, en les augmentant graduellement, voir apparaître les premières manifestations des troubles organiques et assister à l'augmentation progressive de leur intensité, qui, petit à petit, a pris un degré tel que nous avons pu, sans peine, les étudier au fur et à mesure de leur apparition.

De cette expérience, nous pouvons encore conclure que les très faibles doses, pas plus que les doses massives dont nous parlerons plus loin, ne sont capables de déterminer la narcose morphinique chez le chat.

## II

La morphine, injectée dans le tissu conjonctif du chat, à la dose de 0 gr. 02 et 0 gr. 03 par kilogramme, doses fortes, mais non mortelles, provoque une exagération des symptômes précités, mais on constate aussi certaines particularités ou différences qu'il est bon de faire connaître.

D'abord l'absence constante des vomissements, vomissements qui se manifestent assez souvent à la suite de l'administration des doses faibles. Dans l'expérience précédemment décrite nous les avons observés; mais nous devons dire cependant que tous les chats ne vomissent pas avec une égale facilité, et que, même avec l'emploi de doses minimes, beaucoup de nos sujets n'ont jamais vomi. Avec les doses fortes cette absence de vomissements est la règle; nous n'avons pas rencontré de chat chez lequel la morphine, administrée à raison de 0,02 à 0,03 centigr. par kilogramme, ait provoqué le moindre symptôme caractéristique d'un effet nauséeux quelconque.

L'emploi des mêmes doses détermine aussi une gêne évidente des mouvements. L'animal est toujours très excité, mais on constate de plus, si on le laisse en liberté, que sa démarche est raide. Les articulations des membres ne se fléchissent pas ou très mal, le sujet trottine et paraît marcher sur des ressorts; il danse plutôt qu'il ne marche et semble manifester une sorte d'appréhension à poser ses pattes sur le sol. Cette démarche sautillante était tellement accusée, chez un de nos animaux d'expérience, que, quand il voulait fuir, il se déplaçait par bonds successifs et répétés, comme le font les rats. On observe en même temps que le train postérieur est surbaissé, ce qui donne au chat l'attitude du chien morphinisé, moins cependant la faiblesse excessive que présente toujours ce dernier animal.

Le mode de déambulation dont nous venons de parler provient probablement d'une hyperesthésie des extrémités, il a d'ailleurs été observé chez l'homme et chez le chien par M. Calvet (1) qui en donne même explication.

Nous avons constaté aussi, avec l'emploi des mêmes doses fortes, surtout vers la fin de l'expérience, une heure et demie ou deux heures après l'injection, des contractions partielles dans certaines régions du corps ; dans les pattes, dans les muscles de la face et des oreilles ; contractions se transformant bientôt en véritables secousses convulsives, pendant lesquelles les oreilles sont reportées brusquement en arrière, tandis que les yeux sont tirés au fond des orbites, cachés par les paupières, qui se ferment spasmodiquement en même temps que les lèvres sont relevées et les pattes antérieures violemment reportées en haut et en avant.

Ces secousses convulsives observées à la suite de l'administration des doses fortes de morphine chez les chats nous paraissent en tout point semblables à celles qui ont été signalées chez le chien, par MM. Amblard et Grasset (2) ; elles se produisent dans les mêmes conditions, avec les mêmes caractères, mais elles diffèrent par ce fait que, chez le chien, elles se montrent pendant la narcose morphinique, tandis que chez le chat, pour lequel la morphine n'est pas un calmant, nous les observons en pleine période d'agitation.

Nous pensons qu'il y a dans la manifestation que nous signalons un point de ressemblance très curieux, car elle se constate chez les sujets appartenant à des espèces où les effets généraux de la morphine sont diamétralement opposés.

(1) Calvet. *Essai sur le morphinisme aigu et chronique.* Thèse de Paris, 1876.

(2) Amblard et Grasset. *Action convulsivante de la morphine chez les mammifères.* Académie des sciences, tome XCIII, n° 23.

### III

A partir de 0 gr. 04 cent. par kilogramme, la morphine est ordinairement mortelle pour le chat, et la mort arrive d'autant plus vite que la dose est plus forte. Cependant, quelle que soit cette dose, jamais on ne rencontre de phase hypnotique parmi les symptômes graves que présente l'animal avant de mourir.

Tous les chats auxquels nous avons administré la morphine à raison de 0 gr. 05 centigr. par kilogramme, même en plusieurs fois, sont morts après avoir présenté une ou deux crises tétaniques excessivement violentes. Un seul animal a résisté à cette quantité de poison, c'est un jeune chat de quatre mois environ, dont l'observation est assez curieuse pour être rapportée.

1er *juillet* 1890. — Jeune chat pesant 850 grammes, reçoit, une première fois, dans le tissu conjonctif, 0 gr. 01 de chlorhydrate de morphine.

Pas de vomissements ; cependant l'animal traduit une sensation désagréable qu'il doit éprouver dans la bouche, par des mouvements des mâchoires et de la langue.

Dix minutes après environ, le chat commence à devenir inquiet et à s'agiter ; il trépigne sur place, ne peut rester en repos et montre bientôt une excitation très accusée.

Au bout d'une heure, nouvelle injection de 0 gr. 01 cent. L'inquiétude et l'agitation s'accusent de plus en plus, mais sont loin d'être proportionnelles à ce que l'on observe, avec les mêmes doses, chez l'animal adulte. Le petit chat, bien que très surexcité, est toujours caressant, il s'inquiète de ce qui se passe autour de lui, se laisse prendre sans se débattre, mais manifeste cependant, quand on le fait marcher, une certaine raideur dans les mouvements. — Une heure après, troisième injection de 0 gr. 01 cent. Aggravation de l'état primitif, particulièrement des troubles encéphaliques. Le petit animal, très-excitable, a des hallucinations, il est moins docile et se défend quand on l'approche. La démarche est de plus en plus raide et saccadée, les membres postérieurs

se maintiennent dans une demi-flexion et la croupe est sur-
baissée.

Deux heures et demie après, quatrième et dernière injection, faite avec 0 gr. 02 cent. de chlorhydrate de morphine ;
ce qui porte la quantité totale ainsi injectée à 0 gr. 05 cent.

Peu de temps après, l'agitation arrive à son comble, l'animal ne reste pas une minute en repos, il s'assied et se relève
à chaque instant, se promène en sautillant, bondit par moment et tombe à reculons contre les parois de sa cage.
Quand il s'assied sur son train postérieur, il a toujours des
tendances à porter le corps en arrière ; la tête est relevée
par des contractions brusques, les pattes antérieures sont
reportées en haut, quittent le sol et le sujet se trouve ainsi
dans l'attitude du chien dressé, sur le nez duquel on va
mettre un morceau de sucre. Mais notre chat exagère cette
attitude et se renverse tellement, qu'il ne peut conserver
son équilibre et tombe sur le dos. Ce mouvement se produit
fréquemment et se renouvelle à plusieurs reprises.—Pendant
tout ce temps là, le sujet a encore des hallucinations, il suit
des yeux un objet imaginaire, fixe un point quelconque de
l'espace, mais ne paraît pas distinguer les corps qui l'environnent ; très souvent il s'élance en avant comme à la pour-
suite d'une proie et se précipite contre les parois de la cage.

Cette altération de la vision que nous avons déjà signalée
nous a un peu intrigués, car pendant le morphinisme aigu,
chez le chat, la pupille, contrairement à ce qu'on signale
chez le chien, est très largement dilatée.

Chez le petit chat dont nous décrivons l'observation, cette
dilatation est telle, que l'iris n'est plus représenté que par
une étroite bordure circulaire ; à travers la pupille largement
ouverte, on aperçoit le fond de l'œil vivement éclairé. L'approche d'une bougie, d'une lampe, d'une source vive de
lumière n'impressionne pas non plus l'iris qui reste absolument immobile et ne se resserre pas. Nous avons fait la
même constatation dans tous les cas et chez tous les animaux
auxquels nous avons administré des doses fortes de morphine.

L'hypersalivation dont nous avons déjà parlé dans l'expérience précédemment citée est aussi très manifeste, la salive coule goutte à goutte et la bouche est mousseuse.

Quarante-cinq minutes après la dernière injection de 0 gr. 02 cent., nous avons vu apparaître les secousses convulsives partielles dont il a été question plus haut. Ces secousses, localisées dans les muscles de la face et des oreilles, dans les quatre membres et dans certains groupes musculaires de la région du dos, se sont d'abord montrées à des intervalles bien distancés, mais se sont rapidement rapprochées en prenant une violence plus grande. Bientôt elles se sont succédé sans interruption et ont pris les caractères de secousses tétaniques.

Finalement, elles ont abouti à une véritable crise, pendant laquelle l'animal, tombé brusquement sur le sol, a reporté fortement la tête en avant, entre les membres antérieurs qui étaient ramenés convulsivement sous le corps, rassemblés et crispés avec les membres postérieurs; les oreilles étaient dressées, les globes oculaires maintenus au fond de l'orbite et les paupières closes; de plus, la bouche pleine d'écume, était entr'ouverte et la mâchoire inférieure était animée de mouvements saccadés ressemblant à des tremblements convulsifs. — La respiration s'étant arrêtée en même temps, nous pensions que notre sujet allait mourir dans cette crise; mais nous avons eu la surprise de le voir se relever après avoir poussé deux ou trois miaulements lents et gutturaux. L'accès avait duré 46 secondes.

Aussitôt rétabli, le chat a de nouveau présenté des signes d'agitation; il était cependant moins excitable qu'avant la crise et n'était plus secoué par les mouvements convulsifs que nous avons décrits. Il avait toujours des hallucinations, qui ont du reste duré assez longtemps. — Depuis ce moment il n'y a rien eu d'extraordinaire, pas de nouvelle crise, pas d'aggravation dans les symptômes. L'animal est revenu à l'état normal sans avoir présenté l'ombre d'un symptôme caractérisant l'hypnose morphinique.

Le lendemain de cette expérience, notre petit chat avait

absolument ses allures accoutumées et ne paraissait pas ressentir le moindre malaise. Nous l'avons d'ailleurs conservé assez longtemps au laboratoire, car nous l'avons employé pour étudier le morphinisme chronique.

Voici, d'autre part, une expérience que nous tenons à rapprocher de la précédente et qui ne manque pas, elle aussi, d'un certain intérêt.

9 *juillet* 1890. — Une chatte de cinq ou six ans a été soumise à une série d'essais analogues à ceux que nous avions entrepris sur le jeune animal de l'observation précédente. Elle a reçu du chlorhydrate de morphine, dans les mêmes conditions et à la même dose, proportionnellement à son poids.

Les mêmes symptômes, mais plus violents, se sont successivement manifestés, et trois heures et demie après la première injection, l'action convulsivante commençait à se montrer. La période de convulsions a duré assez longtemps, mais elle a abouti aussi à une crise, pendant laquelle la chatte a présenté tous les symptômes précédemment décrits. Seulement, au lieu de se relever après l'accès, elle est restée étendue sur le flanc, la respiration haletante, la bouche écumeuse ; les membres, les muscles de la face, des oreilles, des yeux, animés de mouvements convulsifs, se produisant à des intervalles réguliers. L'hyperexcitation persistait toujours, et chaque fois qu'on touchait le sujet, celui-ci, bien qu'absolument anéanti, traduisait, par une contraction brusque des membres, l'impression qu'il éprouvait.

Cette chatte est morte pendant un mouvement convulsif, sans autre crise, dix minutes après l'unique accès qu'elle a présenté.

Si nous comparons cette expérience avec celle qui la précède, nous voyons qu'à part la violence plus grande des manifestations toxiques, tout s'est passé de la même manière ; seulement, dans la première, l'animal s'est parfaitement tiré d'affaire ; tandis que dans la seconde, il est mort assez rapidement.

Ayant depuis constaté deux autres faits semblables à

celui-ci, nous nous croyons autorisés à admettre que, contrairement à ce qui existe dans les autres espèces, les jeunes chats sont moins sensibles à l'action de la morphine que les chats adultes (1).

Ceci n'a pas lieu de nous surprendre, étant donnée la différence qui existe, dans l'action principale de ce médicament, chez les félins, chez le chien ou chez l'homme. La morphine, chez l'homme et chez le chien, est surtout un cérébral, tandis que chez les félins elle est surtout un agent médullaire. Or, chez l'homme et chez le chien, la morphine concentrant principalement son action sur le cerveau, la quantité pondérable d'une dose de ce médicament, diffusée dans la masse totale du sang, exercera une action cérébrale en rapport avec le volume de l'organe ; c'est ce qui explique l'extrême impressionnabilité des enfants à l'opium, impressionnabilité d'autant plus grande que les enfants sont plus jeunes. Chez l'enfant le cerveau constitue, en moyenne, le huitième du poids du corps, tandis que chez l'homme adulte, il représente seulement le quarantième de ce poids.

Le même rapport entre le poids du cerveau et le poids du corps, chez les sujets jeunes et chez les sujets adultes, existe aussi chez les animaux, il s'ensuit que dans l'espèce du chat, la morphine, concentrant principalement son action sur la moelle, les sujets jeunes doivent être moins impressionnables que les adultes, pour l'effet dominant du médicament. Quant aux symptômes encéphaliques observés chez les chats, résultant toujours d'une excitation des centres cérébraux, ils nous ont paru plus nets et plus faciles à provoquer chez les jeunes chats que chez les chats âgés.

## IV

Nous avons étudié aussi les effets consécutifs à l'administration des doses très fortes de chlorhydrate de morphine

(1) Nous rappelons, à ce propos, que MM. Arloing et L. Tripier ont signalé aussi la sensibilité plus grande des chats adultes pour le chloroforme.

dans le tissu conjonctif du chat. Ayant constaté un certain nombre de particularités assez intéressantes, nous reproduisons ci-après une de nos expériences.

13 *décembre* 1890. — Chatte adulte. Injection de chlorhydrate de morphine à raison de 0,09 cent. par kilogramme. Pas de vomissements. Sept minutes après, les premiers symptômes de l'action excitante apparaissent.

Au bout de 10 minutes l'excitation est au paroxysme. L'animal, comme furieux, se livre à une course folle ; il ne distingue plus aucun des objets qui l'environnent, bondit dans tous les sens et se jette contre les barreaux qui l'emprisonnent, avec une force telle qu'il se met le bout du nez en sang.

L'agitation va en s'aggravant de plus en plus, la chatte bondit sur place, pirouette sur elle-même en poussant des miaulements désespérés ; l'hyperexcitabilité est à son comble, le moindre contact, le moindre bruit provoque des mouvements désordonnés.—La bouche est maintenue entr'ouverte, l'animal mâchonne fréquemment et laisse écouler une abondante quantité de salive, qui tombe goutte à goutte sur le sol. Les voies respiratoires sont encombrées par du mucus hypersécrété, qui s'échappe par les narines et semble gêner le libre passage de l'air. — La pupille est dilatée à l'excès et l'approche d'une lumière vive ne la fait pas resserrer.

50 minutes après l'injection, l'animal présente une première crise rappelant un peu celle que nous avons décrite avec détail dans l'expérience du 1er juillet. Cependant il se remet de cet accès, mais présente, à partir de ce moment-là, les secousses convulsives partielles que nous avons déjà décrites.

Ces secousses sont devenues de plus en plus violentes et ont abouti, une heure 40 après le début de l'expérience, à un véritable accès de tétanos, ressemblant complètement à celui que détermine l'injection d'une dose toxique de sulfate de strychnine. Cette crise a duré 49 secondes environ, et elle s'est terminée par la mort du sujet.

Nous avons répété trois fois la même expérience et trois

fois nous avons obtenu des résultats absolument identiques. En somme, ces résultats diffèrent peu de ceux que nous avons constatés avec des doses plus faibles ou avec les mêmes doses fortes, mais administrées par fractions.

Les accès, avec les doses massives, sont toujours plus violents ; l'animal meurt dans une crise tétaniforme, tandis que dans les autres conditions, la mort survient au milieu de secousses convulsives, médiocrement intenses.

Dans tous les cas, soit avec les doses fortes, soit avec les doses très faibles, nous n'avons jamais observé la moindre tendance au sommeil et à la narcose, chez les chats qui ont servi à nos expériences.

Afin de bien nous assurer que cette insensibilité particulière des félins à l'action soporifique de la morphine n'était pas provoquée par une faute d'expérimentation, nous avons multiplié nos essais et varié toutes les conditions de l'administration. Nous rappelons encore que nos expériences ont porté sur 21 sujets différents, auxquels la morphine a été administrée, par la voie hypodermique ou la voie veineuse, à des doses variant de 0 gr. 0004 à 0 gr. 09 par kilogramme d'animal. Nous nous croyons donc en droit de conclure que la morphine est toujours, et à quelque dose que ce soit, un excitant et un convulsivant énergique pour les chats.

V

Cette particularité que nous offre l'organisme du chat, dans sa façon toute spéciale de réagir à l'action de la morphine, n'est pas seulement intéressante parce qu'elle constitue une exception curieuse (1), mais aussi parce qu'elle laisse subsister l'action synergique très remarquable de la morphine et des médicaments anesthésiques.

C'est en voulant combiner l'action de la morphine à celle du chloroforme, dans l'anesthésie du chat, que nous avons été amenés à observer les faits déjà décrits ; d'ailleurs nous

(1) Nous démontrerons prochainement que cette exception n'est pas unique.

devons nous empresser de déclarer, que ce que nous avons constaté concorde absolument, avec ce qui a lieu chez tous les animaux que l'on veut endormir par la méthode mixte. Les chats préalablement morphinisés s'endorment beaucoup plus vite, beaucoup plus facilement et avec moins de danger, que les chats auxquels on fait respirer simplement le chloroforme ou l'éther.

Voici d'ailleurs un exemple choisi parmi les quelques essais que nous avons faits pour endormir les chats par la méthode mixte.

4 *mars* 1890. — Un chat adulte, du poids de 3 kil. 200, reçoit dans le tissu conjonctif une solution de chlorhydrate de morphine, à raison de 0 gr. 005 du médicament par kil. d'animal. Les effets d'excitation sont très nets après 15 minutes.

Vingt minutes après l'injection, l'animal est placé sous une cloche en verre, où nous introduisons, en même temps, deux éponges imbibées de chloroforme. En moins de trois minutes l'anesthésie est parfaite ; le sujet est endormi sans la moindre convulsion, le sommeil est survenu promptement et sans accidents.

Aussitôt anesthésié, le chat est sorti de la cloche et étendu sur une table ; en lui faisant respirer, une ou deux fois encore, les vapeurs de chloroforme se dégageant d'une éponge que nous lui plaçons simplement sous le nez, nous prolongeons l'anesthésie pendant 45 minutes et pratiquons une opération sans le moindre accident.

Le sommeil a constamment été calme, régulier et profond. Dix minutes après la fin de l'expérience, le sujet a commencé à se réveiller ; mais son réveil n'a été bien complet qu'au bout de trois quarts d'heure. Avec le réveil, l'excitation morphinique primitive a reparu et s'est prolongée pendant assez longtemps.

Nous avons répété la même expérience sur des chats très jeunes et sur des animaux plus âgés, en nous plaçant le plus possible dans des conditions semblables. Nous avons également employé les injections du mélange atropine et morphine, suivant le procédé de M. Dastre, et toutes les fois l'anesthésie a été aussi simple et aussi rapide.

La rapidité a quelquefois été extraordinaire ; ainsi, dans un de nos derniers essais, pratiqué sur une chatte de 2 kil. 500, qui avait reçu 0,015 de chlorhydrate de morphine, le chloroforme a déterminé l'anesthésie en moins d'une minute et demie.

Nous avons fait des expériences comparatives en employant le chloroforme seul, et nous ne sommes jamais parvenus à obtenir une anesthésie aussi rapide et aussi simple. Dans ces derniers essais, deux de nos sujets d'expérience sont morts après avoir reçu des doses de chloroforme, qui certainement n'étaient pas plus considérables que celles employées pour endormir les chats morphinisés. D'ailleurs, l'extrême sensibilité du chat pour le chloroforme est un fait bien connu, et dans son *Traité de thérapeutique vétérinaire*, M. Kaufmann (1) a même écrit que « le chat, étant très sensible au chloroforme, meurt presque toujours pendant l'anesthésie ».

En résumé, s'il est vrai que la morphine est un excitant énergique pour les chats, elle a également une action telle, sur ces animaux, que leurs centres nerveux sont comme ébranlés et affaiblis, et cèdent beaucoup plus facilement à l'action des anesthésiques.

VI

Nous avons également entrepris l'étude du morphinisme chronique expérimental chez un de nos sujets d'expérience, et comme il nous fallait pour cela un animal facile à manier et pas méchant, nous nous sommes servis du jeune chat de quatre mois, qui avait déjà résisté à une dose forte de morphine, et dont l'observation se trouve rapportée ci-dessus.

L'expérience a été commencée le 30 juin 1890 ; nous avons débuté par une dose de 0,01 cent. que nous avons portée de 10 jours en 10 jours de 0,01 à 0,02, et de 0,02 à 0,03. Ces

---

(1) Kaufmann. *Précis de thérapeutique vétérinaire*, p. 476.

doses étaient injectées chaque jour dans le tissu conjonctif du dos.

Malheureusement, nous n'avons pu prolonger cet essai aussi longtemps que nous l'aurions voulu, car notre animal est mort après 34 jours. Cependant, nous avons relevé quelques résultats qui, quoique très incomplets, peuvent se résumer de la façon suivante.

Et d'abord, nous rappellerons que, même pour l'emploi prolongé de la morphine, nous n'avons pas constaté une seule fois la narcose et la stupeur déterminées ordinairement par ce médicament chez les animaux d'autres espèces. Après chaque piqûre, le petit chat présentait au contraire l'excitation morphinique déjà décrite, il conservait cette excitation pendant 12 ou 14 heures et revenait ensuite à l'état normal, du moins dès le début de nos essais. Nous disons dès le début, car après une huitaine de jours nous avons vu survenir quelques modifications, tenant probablement à une sorte d'accoutumance de l'animal pour le poison.

Ces modifications ont surtout porté sur la période d'action du médicament, et sur ce que nous appellerons la période de repos, période correspondant au moment de la journée précédant immédiatement l'injection quotidienne.

Avant chaque piqûre, alors que le chat pouvait être considéré comme n'étant pas sous l'influence directe de la morphine, il présentait une attitude toute particulière, caractérisant une sorte d'inquiétude et de malaise général. Il était triste, peu vigoureux, indolent, et paraissait indifférent à tout ce qui se passait autour de lui. Il n'y avait ni torpeur, ni tendance au sommeil, mais le sujet, abandonné dans le laboratoire, allait se cacher dans un coin, où il se blotissait en poussant fréquemment des miaulements plaintifs. Quand on le prenait pour le caresser, il ne répondait pas aux avances qu'on lui faisait, ne ronronnait pas, comme il avait coutume de le faire auparavant, cherchait à se cramponner avec ses griffes, et manifestait surtout une frayeur très grande.

Aussitôt la piqûre faite, le caractère de l'animal changeait du tout au tout.

Un quart d'heure après environ, il commençait à se promener dans le laboratoire, en faisant le gros dos, se frottait contre tous les objets environnants, recherchait les caresses et traduisait tout le bien-être qu'il éprouvait par un ronron sonore et prolongé. Laissé seul dans sa cage, il se couchait sur le dos, se roulait, prenait des positions lascives, s'étirait les membres en écartant les griffes, jouait avec les objets voisins et restait ainsi plongé dans une sorte d'ivresse joyeuse jusqu'à la fin du jour. — Après cette phase d'excitation, il paraissait s'endormir, mais d'un sommeil qui n'était pas de la narcose, car il conservait toujours ses allures normales, se réveillait facilement et recommençait la série de caresses et de mouvements, quand on venait troubler le calme dans lequel il était plongé. Nous avons vu ces symptômes se continuer et s'accentuer pendant toute la durée de l'expérience, avec les mêmes caractères et les mêmes alternatives.

Cependant, peu de temps après le commencement de l'administration régulière de la morphine, et en outre de ce que nous venons de décrire, les autres fonctions, particulièrement les fonctions de nutrition, se troublaient profondément. L'animal avait un appétit irrégulier, mangeait très peu et maigrissait beaucoup. Son poids diminuait chaque jour, et, vers la fin, il était presque diminué de moitié ; ce chat était alors réduit à l'état de squelette et ne présentait un semblant de vigueur que pendant qu'il était sous l'action immédiate de la morphine. La température rectale, uniformément basse, présentait des alternatives d'élévation pendant la période d'excitation ; il en était de même pour les sécrétions, la sécrétion salivaire particulièrement.

Dans les derniers jours de l'expérience, notre sujet était dans un bien vilain état. D'une maigreur effrayante, les yeux remplis d'une sérosité purulente, le nez sec et également sali par du pus ; la bouche sèche, le ventre levreté, il présentait tous les signes d'une dénutrition extrême, et cependant il résistait encore aux inoculations de morphine, qui, chaque jour, le plongeaient dans la joie. — Cependant, le 2 août, au matin, nous l'avons trouvé râlant dans sa cage, épuisé et sans force ; nous avons cherché à lui faire une dernière piqûre ; celle-ci l'a excité faiblement pendant quelques heures encore, et vers le milieu du jour il est mort assez brusquement, sans présenter de crise.

L'autopsie ne nous a rien révélé de bien caratéristique, si ce n'est une anémie de presque tous les organes ; quelques taches ecchymotiques disséminées dans le tissu du poumon, sur la muqueuse de l'estomac et de l'intestin, et enfin un peu de congestion des reins et des méninges.

Cette expérience offre quelques particularités intéressantes, dans les détails de l'action que nous venons de décrire, mais comme nous ne l'avons pas répétée sur d'autres sujets, nous ne voulons pas nous permettre d'interpréter les faits et de les généraliser, nous tenons, avant cela, à recommencer cette étude sur des chats adultes, que nous essayerons de conserver plus longtemps, en employant des doses plus modérées.

Cependant il nous a semblé qu'il serait bon de placer à la suite de l'étude du morphinisme aigu chez le chat, la tentative que nous avions faite pour étudier le morphinisme chronique.

### CONCLUSIONS.

Nous résumerons de la façon suivante les principales conclusions de ce travail :

1° La morphine est toujours, et à quelque dose que ce soit, un excitant et un convulsivant énergique pour le chat ;

2° Elle manifeste son action chez ces animaux par de l'hyperexcitabilité, de l'agitation, des hallucinations et de l'ivresse agitante.

3° Contrairement à ce qui s'observe chez les espèces où ce médicament est un hypnotique, la pupille est dilatée ; la respiration et le cœur sont accélérés ; le refroidissement des organes périphériques indique la vaso-constriction. Il y a de plus une hypersécrétion salivaire abondante.

4° L'emploi des doses fortes détermine l'exagération des symptômes précédents, mais on observe, en outre, une modification dans la démarche du sujet; celle-ci devient sautillante, et on voit apparaître ensuite des secousses convulsives, analogues à celles qui ont été étudiées, chez le chien, par MM. Amblard et Grasset.

5° Quand la dose atteint 4 centigrammes par kilogramme d'animal, la morphine est ordinairement mortelle pour le chat, qui, excité de plus en plus, présente des convulsions violentes et meurt dans une crise tétanique.

6° Contrairement à ce qu'on observe chez les espèces où la morphine est calmante, les jeunes sujets paraissent moins sensibles que les chats âgés à l'action de ce médicament; et, chez tous les animaux de cette espèce, pour lesquels la morphine est constamment excitante, elle demeure toujours un synergique excellent des anesthésiques.